EXTRAIT DES BULLETINS

DE LA

SOCIÉTÉ INDUSTRIELLE

DE MULHOUSE.

MÉMOIRE

Sur l'historique des applications du chrôme dans l'impression et dans la teinture, par M. CAMILLE KOECHLIN; *lu dans la séance du* 2 *Novembre* 1853.

MESSIEURS,

Le chrôme est devenu, pour nos industries, le métal de la coloration, autant que le fer est pour le monde le métal de la civilisation. Dans la peinture, dans les pierres précieuses, dans les émaux, dans toutes les couleurs et dans tous les arts de colorer, le chrôme a d'importantes propriétés; mais, il n'existe pas, dans les applications de la chimie, quelle qu'en soit la branche, de substance qui se soit prêtée et qui se prête journellement à des variétés comparables à celles que la coloration des tissus perçoit du chrôme. Chaque molécule d'oxigène, qui se joint à ce métal, ouvre un champ d'applications; et ces applications sont telles déjà, qu'elles présentent toute la série de l'arc-en-ciel, et pénètrent toute la série de nos méthodes. Deux fois colorant par sa nature, générateur, fixateur et destructeur des principes colorants organiques; le chrôme, avec l'oxigène, peut remplir tour à tour et quelque fois l'un par l'autre, tous ces rôles. Il est à la fois, selon nos expressions, *couleur, mordant, enlevage, oxidant.* Quel terme pour définir des qualités aussi disparates?

Ce corps, sur lequel vinrent se grouper nos procédés les plus nombreux, les plus ingénieux; se puiser nos ressources les plus indispensables, offre un historique intéressant et l'un des beaux exemples de ce que peut la fabrication des toiles peintes, étant donné un seul élément d'une substance. Pensant qu'une notice à ce sujet ne serait pas déplacée dans nos bulletins, et que, profitant du moment où la Société industrielle accueillait de la part de M. Daniel Koechlin, une collection qui résume les fabrications tirées du chrôme, on pouvait essayer un texte à ces spécimens, j'ai hasardé cette tâche, sous l'indulgence de mes collègues.

Vauquelin avait à peine fait connaître son métal; Lassaigne avait à peine attiré l'attention des teinturiers (1819) sur le chrômate de plomb, que déjà cette couleur figurait dans les impressions d'Alsace. Les papiers peints de la manufacture de M. Zuber, de Rixheim, avaient fait en 1818 l'entrée du chrôme dans l'industrie.

En 1820, les indiennes de MM. Nicolas Koechlin et frères contenaient du jaune de chrôme solide. (Nos annales ont constaté ces faits, pages 356 de notre statistique et 264 du T. XXI de nos bulletins). Si j'y reviens, c'est parce que, depuis leur publication, parut une œuvre illustre et splendidement illustrée, l'écrit d'industrie, peut-être le plus difficile et le mieux réussi, quoique cet écrit oubliât les nôtres dans l'histoire du jaune de chrôme. A l'époque, cependant, où se faisait ce pas de la teinture à l'impression, ce privilége de l'indienne, d'être la première étoffe dotée du jaune métallique, ne constituait pas seulement le fait isolé d'une couleur nouvelle pour la plus influente des industries; mais, dans la portée de ce fait venait s'inclure l'éveil de cet élément prolifique pour tous ses autres usages, et son issue des laboratoires pour prendre, avec le chrômate de potasse, existence dans le commerce. Quoique la manufacture de Rixheim eût organisé, dès 1818, la fabrication en grand des chrômates et qu'elle ait suppléé, pendant plusieurs années, à la consommation des imprimeurs; ces composés continuaient à se préparer dans nos fabriques. La mine de chrôme valait 50 c. le kilo.; elle se tirait du Var et de Suède. Le chrômate de potasse coûtait 25 fr. le kilo. et jusqu'à 1000 fr. dans les pharmacies; il ne revient plus de nos jours qu'à 3 fr. 25, à 3 fr. 50, et dans les pays à commerce libre, qu'à la moitié de ce prix : puissance de l'industrie sur la valeur des métaux; exemple pour l'avenir de ceux qui restent à explorer dans cette famille.

Le succès qui s'attachait alors, plus encore que de nos jours, aux couleurs qui émettaient un éclat et une solidité nouvelle, assujetit immédiatement le chrômate de plomb aux fabrications de l'époque. M. Daniel Koechlin ne se laissa pas devancer pour faire valoir son application dans les enlevages par la cuve décolorante sur rouge turc;

Sur rouges turcs cuvés bleu (aladins);

Sur roses huilés cuvés (iris);

Sur violets garancés;

Sur les mêmes violets prussiatés dans un mélange de prussiate et de bi-sulfate potassique;

Enfin, comme partie consituante des verts au bleu de Prusse enluminant des indiennes riches.

Les mordants jaune de chrôme étaient de simples dissolutions de sel de saturne épaissies; tandis que pour les enlevages jaunes on utilisait une dissolution alors inconnue des chimistes, celle du nitrate de plomb avec l'acide tartrique. Ainsi, le jaune n'était pas, comme pour les papiers, posé sur le tissu de toutes pièces; mais le produit, tantôt de la teinture de l'oxide de plomb précipité indirectement par quelqu'opération basique accessoire, tantôt produit d'une double décomposition, consistant dans l'application d'un sel plombique, décomposé par une teinture en chrômate de potasse. C'était peut-être la première application du procédé de double décomposition dans la fabrication des toiles peintes. M. Daniel Koechlin employait encore le mordant sous une autre forme, à l'état de tartrate alcalin de plomb, épaissi à l'amidon grillé. Cette composition servait à détruire du bleu de Prusse et à présenter le jaune sur des fonds de cette couleur.

Une fois établi en France, le chrôme prit un essor merveilleux de l'autre côté de la Manche :

Les Anglais firent les premiers l'orange de chrôme (Walter Crum, 1827), et des enlevages blancs et colorés sur ces fonds;

Ils imaginèrent le moyen de faire virer l'orange au jaune, en couvrant de nitrate d'alumine (Walter Crum);

Présentèrent cet ensemble de nuances dans les fonds bistres de manganèse (Walter Crum);

Dans les fonds gros bleu à l'indigo (Walter Crum);

Employant le sulfate de plomb dans leurs réserves (Walter Crum, 1828);

Et faisant paraître ces effets dans les fonds mixtes d'oxide manganique et d'indigo, *hawthorn-style*.

C'est aux Anglais que nous devons le vert solide, dont la priorité se dispute entre une fabrique de Londres, entre James Thomson (1823), et entre la maison Hargreaves, dont le coloriste Lightfoot était renseigné par Mercer.

C'est d'eux que nous tenons le jaune et l'orange au plombite, dit plombate (John Duffy, de Dublin), procédé qui fournit un jaune plus transparent, avantage particulièrement précieux pour la teinture en écheveaux, et dont Alexandre Harvey, de Glascow, fut le premier à profiter.

Puis les fonds verts par ce procédé alcalin avec réservages au zinc.

C'est aux Anglais, enfin, que nous sommes redevables des articles où l'acide chrômique figure, non plus comme colorant, mais comme moyen d'enlever l'indigo et de produire par une régénération qui remplace habilement un agent impossible à épaissir; non seulement, blanc sur bleu, ou sur vert (au quercitron), ou sur violet (lors d'adjonction d'un mordant au chrômate) (James Thomson, 1831); mais encore, le genre ingénieux à deux bleus, où l'acide chrômique fonctionne alternativement comme destructeur de l'indigo et comme colorant de sa réserve plombique jaune ou orange (John Mercer).

Ces diverses innovations anglaises subirent des variations et des perfectionnements chez nous :

Les enlevages jaunes et oranges furent faits sur deux bleus, dont le foncé, au lieu d'être cuvé, était une impression préalable de bleu solide, ou l'effet d'un mordant manganique.

Les enlevages blancs sur bleu furent perfectionnés en Normandie, du côté de la pureté du bleu;

Les enlevages blancs sur vert au quercitron y furent aussi mieux exécutés, et comme les précédents, sur double teinte;

Les verts plombates furent obtenus avec des réserves colorées, avec des réserves d'application, avec des réserves lapis;

Ce même vert, cuvé plus foncé, fut rongé blanc;

Enfin, il fut combiné avec d'autres fonds, tels que rouges turcs, puces garance, bistres, etc.

Et l'article, peut-être le plus ingénieux de l'indienne comme application chimique, le genre de

Mercer, à deux bleus de cuve et orange, doit à M. G. Steinbach un degré de perfectionnement que son auteur n'avait pas atteint.

Puis, parmi ces genres enlevages à fond d'indigo, une fabrication digne de rivaliser avec les applications de Mercer, fut celle au moyen de laquelle M. Bazile, de Rouen, obtenait rouge garancine sur bleu de cuve intense, en imprimant un rongeant aluminifère, précipitant par un bain ammoniacal après l'action chrômique, et soumettant aux opérations de garançage; procédé qui avait sur celui des lapis l'avantage d'une impression plus facile au rouleau, d'un bleu plus foncé, ou de plusieurs teintes de bleu. Cet article se variait en vert, par immersion totale en jaune.

Après ce premier acte du chrôme, et que les Anglais en eurent fait de leurs applications; qu'on crut enfin celles-ci à bout pour n'avoir que coloré du plomb et détruit de l'indigo, notre métal revint donner naissance en France à un ordre d'applications toutes différentes et non moins importantes que celles de ses chrômates colorés ou décolorants.

Ce fut d'abord l'action de l'acide chrômique, ou des chrômates sur les principes colorants à leur minimum. De la réaction de ces substances antagonistes résulte la réduction de l'acide en sesqui-oxide, et d'autre part, coloration maxima du principe colorable. Décomposition si heureuse en tant qu'on opère dans les conditions d'équivalents, que ces évolutions atomiques restent sans cesse dans un tout utilisable qui, ainsi que nous l'avons dit, se résout simultanément par la couleur, y compris l'agent qui la retient dans les conditions de nos plus grandes insolubilités.

Que se passe-t-il dans ces réactions où le chrôme ne cesse jamais d'être? Y a-t-il plus qu'une couleur développée, qu'un minéral réduit? Les affinités sont-elles satisfaites et en relation telle, que l'oxigène livré par l'acide chromique, ait pour produit la quantité de base juste nécessaire à la matière colorante oxidée? Qu'en d'autres termes, cette coloration aux trois équivalents d'oxigène sur x équivalent de matière colorante, se contente du seul équivalent de sesqui-oxide? Ou, les choses se consomment-elles, sauf différence de solubilité, comme avec les oxidations blanches, telles que celles des acides tartrique, citrique, mucique, etc. — Le chrôme et la potasse prennent-ils dans les éléments du principe colorant, comme dans les chrômosels de Malaguti, substitution partielle de l'hydrogène? L'analyse n'a pas encore répondu; on n'en trouve d'ébauche que dans une dissertation dont l'auteur, après avoir compulsé dans telle fabrique normande, les idées et théories générales des fabricants d'indiennes, se les approprie comme motif d'une thèse, dont nous regrettons que les expériences laissent beaucoup à confirmer (*Rev. scientifique*, T. XVI, p. 36), et à dire que ce beau problème reste tout à résoudre.

Toutefois, l'acide chrômique ou le chrômate potassique ne bornent pas leur action aux limites juxta-convenables à nos couleurs, celles-ci n'étant jamais le dernier terme de combustion de la matière organique. Si donc, le chrômate n'avait pas été calculé pour n'effectuer que la coloration, ou, si par un contact disproportionné à cette condition, une même valeur chimique se trouvait sans cesse en jeu, on tomberait dans des résultats analogues dès l'instant de l'effet outrepassé, c'est-à-dire dans le cas de teintes de plus en plus brûlées. Aussi, les couleurs qui, dans leur état naturel, présentent leur maximum de coloration, telles que les rouges des insectes, les jaunes des plantes, le rocou, l'orcanette, le safflor, etc., disons même toutes les matières colorantes organiques à l'état de maturité colorante (qui ont dû subir une combustion pendant leurs fonctions), ne sauraient-elles supporter de chrômates, pas plus que d'autres déshydrogénants, sans éprouver de dégradation, sans marcher vers leur perte. On est obligé, dans les cas où ces assemblages sont inévitables, de recourir pour l'élément coloré, comme s'il s'agissait de décoctions faibles conjointement avec des décoctions plus fortes; au moyen de préserver tout ou partie de l'action du chrômate, par l'introduction dans ces préparations, de substances qui en retardent le mouillage, tels que de l'acétate d'alumine (Wedlès); ou de substances réductives, telles que l'hydrate stanneux [1], les sulfites, les arsénites (C. K., 1841).

On admet trois états principaux pour les matières colorantes organiques; avant, pendant et après leur coloration, comme les phases de maturité dans la végétation, comme l'hématose chez les animaux. Le point de coloration maxima, vers lequel tendent tous nos procédés; ce temps de saisie le plus brillant d'une couleur, quelle qu'ait été la méthode de production; ce point

[1] L'hydrate stanneux, provenant d'un chlorure pur, n'est jamais aussi divisé que celui que donne la précipitation d'un sel d'étain mélangé d'un peu de deuto-chlorure. On ajoutera donc, pour cet usage particulier, au chlorure stanneux, avant sa décomposition par des carbonates alcalins, le sixième à-peu-près de son poids de chlorure stannique; se conformant, quant aux proportions d'eau, à celles qui évitent à la longue la formation de l'oxide dense gris anhydre.

d'arrêt, ce moment enfin du plus grand éclat; énonce pour moi non-seulement une condition physique remplie, mais il me semble la composition à proportions les plus équilibrées, la composition équivalant à la neutralité, celle seule que l'analyse devrait définir. Aux couleurs les plus belles, les composés les plus parfaits. Si bien, qu'à mesure, qu'il arrivera des couleurs plus vives, à éléments identiques toutefois, les anciennes devront leur céder le rang qu'elles occupaient en chimie.

On pourrait dire du règne animé, comme de la nature morte, que le moment de la plus belle coloration correspond à celui de la plénitude des actes, à celui de la compensation la plus proche des tendances, l'une vers l'anéantissement, l'autre vers le développement.

Il ne faudrait pas supposer que les réactions que la chimie a pu saisir, grâce à des phénomènes de coloration, soient étrangères à d'autres substances incolores de provenance organique (fleurs et plantes blanches, pourvues des mêmes fonctions chimiques que les fleurs et les plantes colorées; huiles qui se résinifient spontanément, etc.), mais puiser plutôt dans ces analogies, dans ces délicatesses de réaction surtout, la direction à donner aux recherches dépourvues de coloration et qu'on ne peut faire, à la rigueur du mot, qu'en aveugles. Les chimistes ne devraient pas craindre d'appuyer plus souvent leurs lois sur l'histoire de ces substances privilégiées, douées de réactions colorantes. Serait-ce, d'ailleurs, en dehors d'une utilité industrielle, autre chose qu'infliger à leurs travaux l'image des grands travaux de la nature, que de les tenir sur la trace de ces organisations majeures auxquelles président des phénomènes de coloration mobile comme réflecteurs des fluctuations dans la vitalité.

Les métamorphoses des principes colorables, au point de vue de ce mémoire, ont trait particulièrement aux influences de combustion, à celles de l'oxigène fourni ici par l'acide chrômique, oxidant beaucoup plus rapide et plus maniable que l'air, et qui a l'avantage de porter sa base avec lui. On n'a pas encore réussi à substituer à l'oxigène d'autres corps simples, tels que le soufre, le phosphore, etc. (qui n'agissent pas sur l'hydrogène comme le chlore, l'iode, etc.), ou même des molécules composées, telles que l'ammoniaque (cochenille ammoniacale?). En opérant dans les conditions enseignées par l'oxigène (développement sous l'influence d'une base), il y aurait peut-être plus d'une application à tirer pour l'industrie.

L'application de l'acide chrômique ou des chrômates sur les principes colorables, date de l'époque où les couleurs cachou furent reprises dans la fabrication des toiles peintes, de 1832. Jouy était alors en vogue pour un genre cachou accompagné de couleurs cochenille. Le cachou y était fixé par le chlorure cuivreux provenant de mélanges de sel ammoniac et d'un sel cuivrique. Soit que ces anciennes recettes fussent perdues de vue, soit qu'elles présentassent le cachou dans une fabrication où la teinture venait de rehausser son intensité; on ne se reconnut pas d'abord, et on n'eut pas l'idée d'imiter à Mulhouse le procédé adopté à Jouy, par M. Esslinger. Nous eûmes recours à notre nouvel agent, au chrômate de potasse, pour fixer le cachou après son impression. Il fallait vaporiser pour les nuances intenses, avant de foularder en chrômate, et que la dissolution de ce sel fût à une concentration qui n'accordât pas au principe colorant le temps de s'y épancher; condition pour laquelle on recourait quelquefois, outre la chaleur, au chrômate de soude ou à des additions de sel marin. Cette fabrication dépassa en qualité celle de Jouy: les expositions de 1834 attestent l'existence de ces produits dans la maison Frères Koechlin, ainsi que la date de la fixation des matières colorantes par les chrômates. Les deux procédés étaient également exécutables sur soie.

Immédiatement après le cachou, la même fabrication fut adaptée au campêche, aux extraits de bois rouges; de là, des fonds puces et noirs qui n'avaient pas encore eu leurs précédents, tant sous le rapport de la teinte que sous le rapport de la facilité d'exécution, qui se liait, d'ailleurs, heureusement avec d'autres couleurs vapeur. L'Allemagne nous envoya les premiers produits de ces fonds.

Pour maintenir les décoctions en présence de l'amidon, on avait recours à l'acide acétique, véhicule préférable aux alcalis. Ne s'agissait-il que de fonds unis, ils étaient donnés par un foulardage en décoction aqueuse à 1 à 2 degrés, séchage, fixage au chrômate saturé et passage en eau chaude. On avait ainsi des fonds puces ou noirs, supérieurs sous tous les rapports à ceux des méthodes anciennes, réussissant sur lin et sur chanvre avec la même facilité que sur coton. Ces méthodes se montraient d'une application facile pour la teinture des draps de laine et des soies, puisqu'il suffisait de plonger ces tissus en infusions colorables pures ou avec des sels (d'alumine, d'étain ou de cuivre), de passer en chrômate d'une force réglée, le tout sans nécessité de dessiccation intermédiaire, de réitérer ces opérations au besoin et de terminer par un bain chaud et faible du colorant, pour obtenir des résultats prompts et pleins de sécurité [1].

On ne s'en tint pas au cachou, au campêche, aux extraits rouges; aucune matière colorante ne resta étrangère au chrômate; exempte de cette fabrication qui s'étendait chaque jour et qui devenait bientôt la marche la plus rationnelle pour la fixation des soubassements et des fonds fantaisie, composés d'infusions alcalines, ou acides, de cachou, de sumac, de noix de galles, d'acide pyroligneux brut, de bois colorants, de mélanges à l'infini, etc. Le blanc se faisait jour moyennant

[1] Ce système convient non-seulement aux mordants oxidants, mais aussi aux mordants qui n'ont pour but que d'unir une base métallique, dans le cas, toutefois, où il s'agit d'une fibre pourvue de mordant organique, telle que la laine qui absorbe les matières colorantes sans l'intervention de mordants métalliques, en proportions aussi fortes que lorsqu'elle est chargée de ces mordants. On teindrait donc simplement en bain colorant; après, on immergerait un temps suffisant en dissolutions froides d'étain, ou de fer, ou d'alumine, ou de chróme, ou de cuivre, ou de bismuth, etc. Comment procède la teinture? Son habitude est de mélanger jusqu'à présent couleurs et mordants; elle opère dans des précipités, précipités d'autant plus considérables que les bains sont plus étendus et plus chauds. Pour les diminuer, elle est obligéé de recourir à des additions d'acides organiques; d'un côté ou d'autre, il y a donc pertes ou dépenses; bains qui ne sont pas épuisés, qui ne peuvent pas se conserver.

une impression d'un sel de chrôme même, le tartrate. Quoique fort soluble, j'avais aperçu dans ce sel une lenteur à se mouiller, propriété hydrofuge qui, avec son état chimique, faisait présager les qualités de réserve. Cette couleur est dépassée en prix par les tartrates alcalins, et en qualité, par le citrate de soude à équivalents acides égaux (recette d'origine anglaise). Aux avantages de promptitude, de solidité, de dégommage facile des épaississants et d'égalité de nuances qui font le caractère de cette fabrication, viennent cependant s'attacher quelques inconvénients. Elle peut, sous certaines conditions, laisser en dehors des parties colorées, des traces de mordant de chrôme sur le tissu qui a été imbibé de chrômate; ensuite, comme sécurité, elle exige d'opérer dans des dissolutions de chrômate plus fortes que celles qui seraient chimiquement requises, et, par ce côté, on empiète plus ou moins sur le cas extrême que j'ai signalé, et qui donne des teintes moins pures que celles qui résulteraient d'une combinaison vapeur ou tinctoriale, à proportions égales d'oxide chrômique avec la matière colorante.

Il fut établi sur la même réaction un genre d'indiennes dans lequel l'oxidation n'était portée que sur certaines parties de l'empreinte colorable, par l'application d'une deuxième impression de chrômates neutres épaissis. Les impressions colorables ou de décoctions, n'étaient chargées que d'une quantité minime de mordant, qui ne pouvait retenir au lavage que la gradation voulue pour ces premières impressions; ou de mordants qui, d'autres fois, devaient subir une teinture pour effectuer un contraste plus distant, tel que celui des violets devenus cachoux, des roses et cachoux, etc. Ces variétés rentraient dans le genre connu sous le nom de *changeants* ou de *couleurs conversions*, dont les premiers exemples parurent chez Ed. Leitenberger, à Reichstadt. Les effets de cette fabrication se produisent d'eux-mêmes lorsqu'une matière colorante oxidable, rendue acide, vient à toucher des couleurs de chrômates, telles que l'orange, le jaune, les verts de chrôme.

On voit dans le livre d'échantillons de M. D. Koechlin un fond gros bleu (d'indigo) avec formes réservées remplies d'un milleraies cachou qui ne laisse aucune trace sur le bleu. Cette impression s'étendait cependant sur toute la toile; c'était une dissolution de cachou épaissie à la gomme. Elle fut couverte d'une impression de réserve au chrômate de potasse; la coloration et l'insolubilité du cachou ne pouvaient, dès lors, s'établir que sous le contact de cette réserve blanche, le reste se détachait parfaitement dans les cuves bleues.

Cette fabrication, qui résume une application de la précédente aux articles de cuves, est due à M. J. Gerber.

Le chrômate de potasse s'introduit quelquefois directement dans des couleurs vapeur ou d'application, en donnant pour dissolvant, à la laque oxidée, les oxalates hydrique ou aluminique, si ce sont des couleurs vapeur, ou du chlorure stannique dans le cas de couleurs d'application. L'avantage du chrômate sur le cuivre est, en dehors de ceux de l'impression, dans l'instantanéité de l'effet, joint souvent à meilleure nuance; dans d'autres cas, à la possibilité d'ajouter des rongeants acides à ces mélanges. Il y a encore parfois cet avantage du chrômate sur le cuivre ou sur les chlorates, que, lorsqu'on procède par mélange de différentes matières colorantes, dont les unes figurent à leur limite de coloration, on peut diriger et anéantir préalablement l'action instantanée du chrômate sur les matières colorantes à développer, et épargner à celles qui le sont la dégradation des excès d'oxidants. En d'autres termes : pouvoir composer des mélanges de matières colorantes à leur maximum artificiel, avec des matières colorantes intactes ou à oxider par additions subséquentes; ou encore, ne laisser à ces additions que le rôle de balancer l'effet réducteur de certains tissus. En profitant du chrômate de potasse, on parvient à marquer les mordants pour l'impression avec des proportions de bois rouges ou de campêche fort économiques.

Les principes colorables par oxidation, et comparables sous ce rapport aux cas de la chimie inorganique, s'oxident comme ceux-ci, selon des équivalents qui coïncident avec ceux qui leur procurent des bases pour les transformer en laques. Tel équivalent de base implique tel équivalent d'oxigène, ou réciproquement. Toutes les matières colorantes de cette classe n'ont pas la même aptitude à s'oxider; il y a des teintes dans les propriétés les plus proches, comme il y en a dans leurs nuances; elles n'acceptent pas surtout les agents colorants avec la même vitesse. Cette différence, jointe à celle des masses, fait concevoir un nouvel argument en faveur de l'administration des chrômates sur les autres oxidants.

Le cachou de l'espèce cubique demande les 2/5 de son poids de bichrômate de potasse; le campêche à 20 ° B^{é}, 100 gram. bichrômate par litre; et le Ste-Marthe à 20 ° B^{é}, 50 gram. bichrômate par litre; ou les 8me et 16me de leur poids, etc.

Une coloration nouvelle, et plus que cela peut-être, une série entière de couleurs est indiquée dans un premier exemple du chrômate de potasse sur les bases organiques, par le violet qu'obtinrent avec la strychnine, MM. Lefort et Thomson, et qui, selon M. Davy, se produirait également avec d'autres oxidants. (*Journal de pharmacie*, Tome XXIV, p. 204). Tout n'est pas dit sur les combustions par l'acide chrômique, et moins encore dans cette notice que j'interromps pour toucher aux couleurs qui proviennent des sels et des oxides de chrôme.

Le protoxide n'a pas encore été utilisé sur indiennes; cet oxide est d'une stabilité qui ne laisse pas d'espoir. Il n'en est pas de même des protosels, du protochlorure et de l'oxichlorure Cr^2Cl^2O, dont nous ne connaissons cependant pas d'application, pas plus que du succinate chrômeux, qui est écarlate, que de l'oxide brun Cr^3O^4, ainsi que des chromicyanures, etc.; le sesqui-oxide seul Cr^2O^3 a été fixé dans tous ses états allotropiques. C'est à Mulhouse que la teinture et l'impression utilisèrent cet oxide (1832), couleur dont la qualité est loin de résider dans l'intensité, surtout lorsqu'elle est vue par réflexion; aussi ne s'approprie-t-elle convenablement qu'aux grandes surfaces, et où peu de ton est requis avec beaucoup de tenacité, tel que pour les fonds des meubles, les stores, pour la peinture des édifices, etc. L'application de l'oxide de chrôme était, au reste, la moindre dans l'histoire que je trace; précipiter simplement un oxide quel qu'il soit, sur tissus, ne sera jamais que remplacer le verre à expérience par la fibre organique.

Toutes les dissolutions de sesqui-oxide chrômique, quoiqu'à forces égales de chrôme, ne sont pas également avantageuses pour fournir l'oxide, et plus encore pour se prêter à sa teinture en arsénite. Une dissolution assez généralement répandue, est celle de l'alun de chrôme: c'est généralement la moins convenable; celle dont l'oxide, quoique provenant d'une dissolution qui aurait subi l'ébullition, est le moins vert, le plus dur à arséniter, même en s'y prenant avant d'avoir séché. La dissolution qui peut donner les résultats les plus intenses, est celle de nitrate. Préparé avec suffisance d'eau, pour éviter la formation du sel brun, et débarrassé par cristallisation, du nitrate potassique; ce sel présente sur les autres l'avantage de fournir des dissolutions plus concentrées, partant des teintes foncées qui permettent des effets à plusieurs tons; de pouvoir abandonner, par aérage du chrôme, en quantité suffisante pour fonctionner, au besoin, comme mordant; de ne pas posséder les inconvénients d'altérer les tissus, ou la déliquescence du chlorure, etc. On ne réussit pas, comme pour le sulfate, à remplacer dans cette préparation, la cassonade, par son équivalent d'amidon.

Lorsque les dissolutions de chrôme ne sont pas à l'état de sous-sels, on peut leur ajouter, à l'avance, un équivalent d'acide arsénieux ou d'un arsénite alcalin, ce qui peut dispenser d'un verdissage subséquent. Il existe des recettes qui mettent à profit l'acide arsénieux pour la réduction du bichrômate ; elles donnent alors des arséniates conjointement à des sulfates, à des nitrates, à des chlorures, etc., selon que, sur un équivalent de bichrômate et un et demi équivalent d'acide arsénieux, on a complété avec deux et demi équivalents d'acides chlorhydrique, sulfurique, nitrique, etc. Ces dissolutions mordancent, par aérage ou par simple précipitation à l'eau, au lieu d'alcali, et ont l'avantage de donner la teinte la plus verte. Il y a dans ces couleurs de chrôme et d'arsenic des nuances qui paraissent en anomalie avec les moyens de les produire. Ainsi, l'oxide de chrôme teint en acide arsénieux ou en arsénite alcalin, prend une teinte verdâtre, qui est évidemment de l'arsénite de chrôme. Le même oxide, teint en arséniate alcalin, y affecte une teinte beaucoup moins verte ; tandis que la nuance la plus verte qu'il est possible de fixer, provient d'un mordant d'arséniate de chrôme.

Ce mordant d'arséni-sulfate $K^2Cr^4As^6S^5O^{38}$ se prépare avec : 100 KCr^2O^7

98 As^2O^3

80 SO^3

200 HO

Il marque 66 ° à l'aréomètre ; étendu de vingt fois son volume d'eau, il se décompose à 78 °, tandis qu'à froid il lui faudrait 4000 fois son volume d'eau.

L'arséniate de potasse communique aux dissolutions de sulfate de chrôme la nuance vert-jaunâtre de la dissolution d'arséni-sulfate ci-dessus, sans toutefois leur donner la faculté d'abandonner un composé plus vert que le sulfate pur.

On peut charger des tissus (coton ou laine) de vert de chrôme au moyen de trempes alternatives en arséni-sulfate et eau bouillante.

On possède encore, comme mordant de chrôme, les dissolutions alcalines, utilisables lorsqu'on peut opérer sans le secours d'un épaississant.

L'oxide de chrôme ne se fixe pas avec la même facilité sur tous les tissus. Sur lin et sur chanvre, il est préférable de procéder à l'inverse ; d'imprégner le tissu de la dissolution précipitante, plutôt que de celle de chrôme, puis d'immerger en celle-ci ou d'appliquer le procédé de trempes à l'arséni-sulfate.

Pour laine, il convient de recourir aux préparations propres à la division la plus ténue, de présenter pour ainsi-dire l'oxide vert à l'état naissant à cette fibre revêche qui n'admet pas nos doubles décompositions froides. On met à profit, pour cela, la propriété de la laine d'absorber le bichrômate de potasse. On sait que la laine ne se dégorge de ce sel dans l'eau qu'à la longue. On la laisse s'imbiber à froid ou à tiède, d'une dissolution saturée de chrômate acide, on lave et on soumet à un réducteur. Celui auquel j'ai donné la préférence est une dissolution chaude et faible de sulfite de soude [1]. L'arsénite ne serait pas aussi

[1] Le sulfite de soude est une des préparations les plus faciles dans les fabriques qui possèdent des soufroirs. Il suffit de suspendre dans ces appareils des tamis chargés de cristaux de carbonate de soude. Quel que soit le volume de ces cristaux, ils ne consistent bientôt qu'en une carcasse spongieuse de sulfite acide sous forme extérieure primitive. L'eau de cristallisation du sel sodique est indispensable, si bien qu'avec de la potasse l'opération ne réussirait qu'avec des additions aqueuses. Cette eau, à mesure que le cristal se mine, découle à l'état de dissolution saturée de sulfite acide, qui est reçue dans des plateaux correspondant aux tamis. Dans le cas où l'on n'aurait pas de chambre sulfureuse, on brûlerait du soufre dans un poële dont le tuyau donnerait dans une caisse à série de rayons en va-et-vient, placée à la base d'une cheminée, et sur lesquels seraient disposés des plateaux inclinés chargés de carbonates alcalins.

effectif pour la laine. On retourne en chrômate fort, puis en sulfite et on réitère quatre à cinq fois cette série d'opérations, selon l'intensité désirée. La première trempe est celle qui, toutes choses égales, fixe le moins de produit. Comme moyen de rehaussement, ce procédé s'adapte parfois au coton enduit d'une première couche d'oxide à la manière ordinaire.

On conçoit difficilement que le domaine de la chimie industrielle soit encore assez mal régi, pour qu'il soit devenu possible de lui soustraire la prétention de faire usage, pour tout tissu qui ne serait pas de règne végétal, du procédé que j'indique; puisque, sauf le passage en sulfite, remplacé par le gaz sulfureux, ce procédé fait la substance d'un brevet récent. Cette méthode de réduction brevetée aurait sur le procédé d'Alsace l'avantage unique de pouvoir s'exercer sur des impressions de chrômates [1]. Le coton ne saurait

---

[1] Je profiterai de la citation d'un procédé qui n'est pas étranger à cet historique, puisque tous les composés colorés du chrôme peuvent y entrer, pour montrer jusqu'où peuvent être poussées les prétentions des brevets :

Qui ne connaît cette fabrication française, qui, il y a plus d'un quart de siècle (Paris 1825), fixait, pour la première fois, aux étoffes, par l'intermède d'une substance coagulable par la chaleur, des noirs et des gris de carbone, des bruns de fer et de manganèse, les terres

s'opposer, comme la laine, à la jonction des éléments naissants de ce genre de décomposition; le sulfate chrômique se constituerait et on ne reconnaîtrait, après lavage, que des empreintes

---

ocreuses, le cinnabre, l'indigo, toute poudre en un mot, qu'elle incorporait dans son véhicule. Cette même fabrication qui, plus tard en Angleterre, remplaçait le blanc d'œuf par des substances collantes insolubles, telles que les vernis de caoutchouc pour faire tenir sur soie, les *pigment colours;* fabrication qui grandissait au fur et à mesure qu'elle approchait de l'époque de son apogée, où le lapis-lazulite et le blanc d'œuf devinrent articles d'industrie et qui, après l'impulsion que lui eurent donnée MM. Dollfus-Mieg, essayait, pour se maintenir, non-seulement les albumines de toute provenance, le gluten, le gutta-percha, les protéines, fixateurs plus économiques, mais encore qui alternait son colorant le plus important, l'outremer, en d'autres, tels que le vert de Schweinfurt (Blech, Steinbach), l'orange de chrôme, les oxides et les poudres métalliques, les matières colorantes même solubles, telles que l'orseille etc.

Qui, d'autre part, ignore cette fabrication, bien plus ancienne, des blancs mats (*damas white*), consistant à imiter sur un premier plan coloré, des effets de tissus et de broderies. Ces tons opaques s'obtenaient d'abord en Angleterre avec le plâtre; plus tard, chez nous, avec des oxides blancs, des arsénites, des phosphates, finalement avec le sulfate de plomb.

Qui, enfin, n'aurait pas lu ce spécifique que les annonces proposent depuis tant d'années comme susceptible de remplacer les blancs de plomb dans tous leurs usages, sauf ceux d'intoxication.

insignifiantes d'oxide, quelle qu'eut été d'ailleurs la durée du gaz réducteur. Aussi peut-on profiter de cette méthode pour des tissus mélange dont on voudrait épargner le mordançage de la fibre végétale.

La soie, cet intermédiaire du coton et de la laine, donne, selon ce procédé, des résultats peu satisfaisants.

Il est possible de *chrômer* la laine, comme on peut l'aluner, la stannater; comme on peut, en un mot, la mordancer en toute dissolution métallique (de sesqui ou de bi-oxide), en la tenant dans un bain faible d'un sel de chrôme chaud, d'alun de chrôme, par exemple; mais la quantité fixée au tissu par ce moyen ne suffirait au plus que comme mordant pour la teinture, et ne saurait procurer une couche verdâtre, suffisante par elle-même.

Ayant un tissu d'oxide chrômique, on le trans-

Qui croirait que, sous tant de données de la propriété commune, des conditions si connues aient pour contemporains des hommes qui y voient assez d'inconnu pour formuler des priviléges. Il nous serait encore loisible d'enduire nos portes et fenêtres, nos meubles et nos papiers de tentures, nos cotons et nos soieries, avec des pâtes de blanc de zinc, mais ce brevet *ingénieux* nous interdirait cette faculté pour toute étoffe qui serait de laine et pour la reproduction en 1853 de nos effets de 1823.

forme en divers composés qui en modifient la teinte en arsénites, en arséniates, en phosphates, en silicates, en chrômates, en savons, en lessives (natronisation de Mercer), etc.; les arsénites donnent la teinture la plus verte, la plus agréable. Il suffit de passer à chaud, en arsénite sodique, par exemple, ou, si c'est de la laine en acide arsénieux ou en arsénite neutralisé, pour obtenir la variation verte. L'arsénite de chrôme, comparé à la teinte de l'oxide, présente une différence beaucoup moins tranchée à la lumière solaire qu'à la lumière artificielle.

L'oxide de chrôme devient olive en chlorures décolorants, comme en chrômate de potasse, donnant ainsi l'oxide CrO^2 ou Cr^3O^6, car la teinte accuse plutôt de réalité la formule égale $Cr^2O^3 + CrO^3$. Cet oxide est ramené au vert par une ébullition au contact d'une matière organique, telle que du son, ou par les sulfites, les arsénites, ou aux dépens même du tissu, faute de réducteur.

Certaines bases sont attirées par l'oxide de chrôme, tels sont les hydrates et les sels aluminique, ferrique, cuivrique, etc., et réciproquement un tissu portant ces bases, devient susceptible d'attirer des dissolutions chrômiques. Le cuivre surtout effectue de grands changements de nuances; ainsi, de l'arsénite de chrôme traité en acétate cuivrique, virera au vert pistache.

L'oxide chrômique déplace l'alumine; c'est en vain qu'on chercherait à faire prendre un mordant rouge (d'acétate), quelque fort qu'il soit, sur des parties portant du chrôme. On comprend cependant difficilement le préjudice exercé par le chrômate dans le dégommage des couleurs autres que le cachou, ou ses congénères; sur le mordant rouge particulièrement, puisque l'oxide de chrôme se colore également en teinte rougeâtre, qui semblerait peu susceptible de ternir celle du rouge garance.

Des mélanges de dissolutions de fer ou de manganèse, avec celle de chrôme, conduisent à des écrus, des olives, etc.

Les oxides de chrôme peuvent fonctionner comme mordants sur tous les tissus, *lemme chimique;* ils le deviennent indirectement lors de la fixation des matières colorantes par les chrômates, ou réciproquement. Le mordant de sesqui-oxide qu'on obtient, soit par la précipitation des dissolutions chrômiques par la chaux, par l'ammoniaque, ou par son arsénite, ou par les carbonates alcalins, par les silicates (que ceux-ci soient administrés avant ou après l'application de la dissolution métallique); soit par aérage ou par vaporisage des nitrates, des arséniates doubles; soit par vaporisage de l'acétate ou de l'acéto-arsénite; soit, enfin, par des dissolutions alcalines ou par les méthodes de réduction; ces mordants fonctionnent dans les bains de teinture comme mordants intermédiaires entre le fer et l'alumine. La garance les colore en teinte rousse particulière; sur laine, en grenat intense; le campêche, en noir ou en gris; les bois rouges, en giroflé, en puce; la cochenille, en faux-cramoisi; le cachou, en nuances bois, et sur laine, en tons jaunâtres; les matières colorantes jaunes, en jaune, etc. [1]

L'oxide de chrôme vert ne subit pas, par l'épreuve d'un vaporisage, la perte de son pouvoir tinctorial, comme les mordants de fer purs qui, alors, n'attirent plus en teinture et peuvent montrer, après les opérations de celle-ci, leur teinte rouille intacte. On ne tient pas compte, jusqu'à présent, de cette propriété dans les couleurs vapeur ferrugineuses (violet garance, par exemple), et cependant un fait avertit qu'elle ne doit pas être indifférente; c'est le rougissage des couleurs garancine vaporisées, qui indique une expulsion de la matière colorante, une annihilation du

---

[1] Voir l'Art de la teinture des laines, par D. Gonfreville, pages 684—685 (1848).

fer. Cette modification dont la place dans la série des oxides de fer hydratés nous est encore inexpliquée, modification d'autant plus curieuse qu'elle n'est pas commune à toutes nos préparations ferrugineuses, puisqu'il en est qui demandent l'action de la vapeur pour donner leurs meilleurs résultats; procurerait un contraste plus utilisable avec le chrôme; découverte qui pourrait résider dans les degrés inférieurs au sesqui-oxide.

En résumé, les oxides de chrôme ne fournissent pas, jusqu'à présent, comme mordants, de nuances avenantes au coton, et, sauf le campêche et le cachou, qui semblent ses colorants de prédilection, les teintes se retranchent dans les couleurs modes. Il n'en est pas de même, ainsi qu'on le sait, lorsqu'on fait usage des sels de chrôme comme mordants dans les couleurs vapeur. La fabrication retrouve alors tous les avantages de celle qui fixe par foulardage en chrômate, joint à l'avantage d'éluder le contact des chrômates forts, et partant de pouvoir arriver avec d'autres couleurs et sur tous les tissus. Plusieurs de ces couleurs peuvent traverser les teintures sans être affectées; la garance même, sous certaines conditions, ne les déplace pas et offre sous ce rapport une fabrication d'avenir. On en trouve déjà des recettes dans les publications de Runge, et on voyait, il y a plus de dix ans, dans les indiennes de Lowel, un gris garance à base d'hématinate de chrôme. Nous avons fait, dans la maison Steinbach Koechlin et Ce, des résédas garancés, des jaunes garancés.

L'oxide chrômique possède sur tous les autres composés de sa catégorie, sesqui-oxides, ou ceux qui le deviennent, un avantage qui, lors même que cet oxide est arrivé au tissu comme déchet de quelque réaction colorante, lui assigne les premiers rangs de l'adhésion. C'est la base la plus résistante, même devant les disssolvants desquels elle vient d'être extraite; celle qui détermine le plus d'insolubilité; qui transmet ses propriétés de fixité jusqu'en face des dégâts de la lumière, comparativement aux nuances à autres bases; le mordant, en un mot, le plus solide et qui fait participer de cette qualité les couleurs dans lesquelles il entre. Les brésiléates de fer et d'alumine, par exemple (puces aux bois par teinture), ne donnent jamais de composés fort insolubles; pour preuve, leur coulage indéfini à chaque mouillage, tandis que le chrôme intervenant dans le produit tinctorial, l'inconvénient disparaît.

Quoique composé coloré, les proportions susceptibles de donner des couleurs foncées avec des décoctions, ou d'attirer assez intense en teinture, sont telles qu'elles ne suffiraient pas pour être visibles sur blanc; si bien que des étoffes sont parfois préparées en chrôme, comme elles sont stannatées, etc.

Le sel de chrôme, qui répond le mieux au rôle de mordant pour couleurs vapeur, est, sur coton, l'acétate ou le pyrolignite qu'on a l'habitude de préparer par double décomposition avec l'alun de chrôme. Sur laine, l'acétate avec un équivalent d'acide oxalique ou, simplement, l'oxalate obtenu directement avec le chrômate de potasse et l'acide oxalique.

L'acétate de chrôme, complétement exempt de sulfates, possède sur les autres dissolutions de chrôme le premier avantage de ne pas coaguler les épaississants à froid; propriété commune, d'ailleurs, à la plupart des acétates purs de sesqui-oxides.

L'acétate chrômique est l'un des acétates les plus stables; les acides nitrique et sulfurique ne parviennent pas à froid, selon l'indice des épaississants, à la substitution de son acide; ses dissolutions supportent l'ébullition sans subir la décomposition des dissolutions aluminiques. Par vaporisage, cependant, les tissus en peuvent soutirer la base; ce n'est même que moyennant cet auxiliaire et en contact d'épaississants convenables, qu'on tire parti de l'acétate, le tissu ne pouvant rien, par aérage, contrairement aux autres sels de chrôme à acides volatils. Les acétates ferreux et cuivrique en excès échangent leurs acides avec le nitrate de chrôme, tandis que les acétates aluminique et plombique ne transforment point ce sel en acétate de chrôme. En d'autres proportions on voit les sulfate et nitrate cuivrique alterner de base avec l'acétate chrômique; le chlorure cuivrique indique la même transmutation, lorsqu'il intervient du sel ammoniac.

Quelques heures de contact avec l'ammoniaque, dans la proportion du dixième en volume d'une dissolution d'acétate de chrôme à 13° B^e, donnent un composé violet, alcalin, dans les dissolutions étendues duquel un excès d'ammoniaque détermine un précipité. La modification violette du sesqui-oxide par l'ammoniaque, existe sur coton, quand on décompose une impression d'alun de chrôme par l'ammoniaque et qu'on laisse macérer dans ce véhicule. Avec le nitrate de chrôme (sel exempt de potasse) le virement violet est à peu près nul et la teinte ne devient qu'un peu moins verdâtre. Il en est de même lorsqu'on met tremper un tissu d'oxide vert dans l'ammoniaque, l'allotropie ne s'effectue plus. Le moyen le plus direct de préparer l'oxide violet sur coton est de faire usage, toutes choses égales, d'une dissolution d'oxide violet dans les acides sulfurique, acétique, etc. Cette nuance est de peu de ressource, l'eau chaude la ramenant au vert. L'alun de chrôme, obtenu à 34° Bé par l'amidon et l'acide sulfurique sur le bichrômate potassique, laisse déposer de gros cristaux; ces cristaux étant redissous, abandonnent une seconde cristallisation composée de cristaux beaucoup plus petits et plus violets; en continuant à fondre et à cristalliser, on produit des cristaux de moins en moins volumineux et de plus en plus rapprochés de la modification violette.

L'acétate de chrôme n'étant précipité à froid, ni par les alcalis, ni par les carbonates alcalins, ne saurait entrer dans la préparation des fonds oxides de chrôme par cette voie.

L'acétate de chrôme, vaporisé sur laine, donne des nuances brunes qui indiquent une altération chimique d'autant plus singulière que l'oxide de chrôme, fixé sur laine par notre procédé (page 25), supporte l'action de la vapeur pure; il est vrai que d'une part on opère sur une dissolution et de l'autre sur un oxide.

Les nitrate et oxalate de chrôme fixent sur laine, dans les mêmes circonstances que l'acétate, la nuance gris de chrôme, qui peut être ensuite virée à celle de vert d'eau par l'acide arsénieux.

Ces résultats, toutefois, ne sauraient rivaliser avec ceux de la teinture.

Additionnées de décoctions ou de laques, ces couleurs salines constituent, pour l'impression, des préparations assez simples et où le chrôme fonctionne *ad libitum* comme mordant ou comme fraction colorante et mordant. Il y a plusieurs années qu'on fait usage en Alsace de ce genre de couleurs sur tous les tissus. A la longue, l'hématine déplace l'acide acétique de l'acétate de chrôme et passe à l'état d'hématéine.

L'acéto-arsénite de chrôme qui, sur coton, donne par vaporisage la nuance directe de l'oxide de chrôme teint en acide arsénieux, ou celle des arsénites acides fixés à l'eau ou aux alcalis; cet acéto-arsénite, n'est nullement compatible avec les conditions d'adhésion de la laine, et ne se fixe pas sur ce tissu, soit à l'état de couleur acide, soit à celui de composition alcaline, différant sous ce rapport de l'arséni-sulfate (page 24).

Le changement d'état que les dissolutions des gommes naturelles éprouvent par celles de chrôme, plus peut-être que par celles de tous les autres oxides de même formule, devient souvent un obstacle aux meilleures conditions d'impressions; d'autres fois il est possible de mettre à profit cet inconvénient pour épaissir avec de moindres doses même d'autres compositions. Les dissolutions de sesqui-oxides, à l'exception des acétates, coagulent en général les épaississants, tandis que les dissolutions de proto-sels acides ne coagulent pas. Tous les sels de chrôme ne sont pas également coagulants; l'acétate, ainsi que je l'ai fait remarquer, ne le devient qu'à la température de l'ébullition; le nitrate l'est plus que le sulfate, que le chlorure, etc. Une augmentation d'acidité peut annuler, sinon ralentir de quelques jours, cet inconvénient et vice-versa; plus la basicité est considérable, plus les épaississants sont éprouvés.

Les gommes artificielles, telles que les fécules torréfiées, la dextrine (désignée quelque fois ici sous le nom de gomme Lefèbvre), ne laissent pas de traces de coagulation sensible après nettoyage. Mais ces espèces, faisant tissu elles-mêmes, ne cèdent au tissu réel que l'excédant de véhicule et réclament, en conséquence, des préparations beaucoup plus concentrées.

Il se passe pendant la coagulation des couleurs vapeurs à la gomme et au chrôme, des effets d'apparence égale aux influences basiques, plutôt qu'à celles qui accroissent l'insolubilité. Ainsi, de même qu'une matière colorante de l'espèce colorable qui passe en combinaison avec une base inorganique, atteint plus rapidement son point de coloration; de même est l'effet de la gomme Sénégal qui intervient, par exemple, dans un mélange de campêche et d'une dissolution de chrôme (acétate). Il y a exhaussement de la matière colorante comme s'il y eût eu excès de base ou oxidant. La gomme est attenante au composé insoluble, mais il y a moyen de l'éliminer par des passages alcalins qui conservent la couleur à l'étoffe. Avec la dextrine ou avec la gomme adraganthe on n'aurait pas obtenu de teinte sensible, dans le premier cas à cause de l'effet que j'ai signalé, et avec le second épaississant en raison de la trop faible quantité de substance en poids; il eut fallu, dans les deux cas, pour remplacer un gris égal, une préparation triple en colorant.

Les laques de chrôme furent jusqu'à présent peu employées; cependant, la facilité avec laquelle elles se préparent, celles surtout qui peuvent l'être, comme sur les tissus, par le chrômate de potasse, telles que les laques de Fernambouc, de campêche, de cachou, etc., et les qualités de quelques-unes de ces laques imposent de les signaler, ne serait-ce que pour les garantir de quelque capture.

Le chrômate de plomb ne fut pas le seul chrômate métallique dont l'indienne s'empara : elle ne renonça pas plus que les autres étoffes, aux chrômates d'argent, de mercure, de cuivre (qui fonctionnent souvent à deux fins dans des réserves enlevages), de bismuth, etc. Ce dernier chrômate, dont la teinte cède peu au jaune de chrôme, possède sur le sel plombique l'avantage de ne pas virer à l'orange par les actions basiques. Le chrômate de bismuth se prépare sur laine par un procédé analogue à celui du jaune de chrôme : ayant de la laine chargée de chrômate de potasse beaucoup plus faible que pour l'oxide de chrôme, page 25, on décompose en acétate de plomb ou en nitrate de bismuth acidifié avec de l'acide acétique, et, des deux parts, on a jaune, ou vert, si l'opération s'est faite sur de la laine bleue. Le jaune de chrôme sur laine est peut-être le composé le plus solide dont on puisse investir ce tissu; il est comparable, en éclat, au jaune picrique, mais il ne possède malheureusement pas sur ce dernier la même insensibilité aux émanations sulfhydriques. Le chrômate de bismuth, exempt de cet inconvénient des sels de plomb, n'est pas d'un jaune aussi pur. L'élément jaune le plus propice, le plus naturel à la laine, semble devoir consister un jour en sulfure de cadmium, jaune qui fait déjà partie des couleurs albumineuses sur coton.

Il y a dans les propriétés des couleurs métalliques toujours un côté par lequel elles peuvent prêter à leurs applications, et dans ce sens, la teinture sur laine s'est laissée devancer beaucoup par celle du coton.

Il reste un composé de chrôme susceptible d'application par un pouvoir oxidant d'une rare énergie, l'acide chlorochrômique CrO^2Cl. Lorsqu'on plonge dans le gaz de cet acide un tissu d'indigo, portant des empreintes mouillées, ces parties y deviennent instantanément blanches par la reconstitution de l'acide chrômique, $CrO^2Cl + HO = CrO^3, HCl$, et la réaction de cet acide sur l'indigo.

Les ressources du chrôme sont telles; les moyens de le manœuvrer offrent tant de latitude, qu'il est possible de produire la plupart des genres que j'ai cités, par voie inverse :

Les enlevages de l'indigo, par exemple, en imprimant l'acide, le mettant même en certains cas dans des couleurs qui ont encore à fonctionner comme réserves, et n'appliquant le chrômate que par dessins (J. Gerber, fabrique Stackler, à Saint-Aubin);

Les mi-fonds divers, en imprégnant le tissu de chrômate, détruisant celui-ci aux endroits blancs par des applications tartrique ou citrique, ou par des réducteurs (sulfites, arsénites, sels stanneux, etc.); profitant encore du tissu chròmifère pour une fixation simultanée de puce ou de noir (Ste-Marthe ou campêche), puis, mattant la décoction colorante qu'on aurait mattée en premier par le procédé pages 15—16—17.

Les jaunes, enfin, en commençant comme pour laine, par le chròmate, et fixant en dissolution plombique; ou, pour plus de sécurité, en imprimant le chrômate sur tissu préparé en dissolution plombique, procédés qui ne se pratiquèrent que dans l'origine du jaune de chrôme.

Le jaune de chrôme s'obtient encore par des dissolutions alcalines, ainsi que je l'ai marqué page 5.

Il y a même moyen de préparer, sur ces données, des dissolutions alcalines qui représentent le chrômate de plomb de toute pièce. Ainsi, un mélange de chrômate de plomb et de tartrate basique de potasse, ou 8 acide tartrique, 10 acétate plombique, 4 chrômate acide de potasse et 75 potasse à 20 ° B^{é}, étant épaissi et imprimé, laissera, par aérage ou par passage en acide faible, du jaune de chrôme, et donnera vert, si la couleur porte les éléments du bleu de Prusse.

On doit à MM. Blech Steinbach un procédé d'enlevage jaune sur bleu de Prusse, fondé sur l'impression de chrômate alcalin sur tissu bleu préparé en plomb, procédé plus rationnel que celui des tartrates alcalins.

Une dernière application des chrômates de plomb, tout en étant la moins ardue, fut celle de l'impression directe de ces précipités. Ils devinrent, sous cette forme, d'un secours particulièrement important à l'enluminage des fonds manganèse; imitant la fabrication primitive du jaune par teinture chrômique sur ces fonds, et portant, en compensation de solidité, le privilége d'impressions simultanées de rongeants de toutes nuances; l'un des genres les plus abondants, les plus universellement heureux de l'indienne. Ces couleurs qui, en dehors des rouges, des roses, des violets, étaient tantôt du jaune, tantôt de l'orange, tantôt du vert (par l'incorporation de bleu de Prusse); ces couleurs recelaient un contraste chimique curieux, celui des chrômates côte à côte avec du chlorure stanneux, à un grand degré de concentration. Ce réducteur restait dans l'impuissance la plus absolue, grâce à l'immobilité occasionnée par l'épaississant.

Une dissolution épaissie de nitrate de chrôme et de chlorure stanneux, dépose l'oxide chrômique en lieu et place de l'oxide manganique sur des tissus de cette couleur.

Nous sommes redevables à Mercer d'un genre

où le jaune de chrôme d'application figure dans des fonds d'indigo bleus pâles, quelquefois avec un rouge lapis. Ces fonds, tantôt safflorés, tantôt recouverts de fondus rose et jaune d'application, imitaient par ces couleurs composées des effets soyeux, sillonnés de chrômate de plomb qui, convenablement épaissi et acidifié, se frayait une place avec pureté et avec assez de solidité, sans qu'il eût été indispensable de chrômater légèrement le tissu bleu.

Les sels de plomb insolubles sont, malgré leur densité, les précipités qui adhèrent peut-être avec le plus de facilité aux tissus, et, pour peu qu'on ne ferme pas les pores de ceux-ci, par excès de calendrage, et qu'on ait adopté les conditions d'épaississants convenables, on parvient à des adhérences satisfaisantes.

On a imprimé du chrômate orange de plomb avec de la soude caustique ou de la potasse, sur des fonds bleus de Prusse unis ou ombrés, dans l'intention d'imiter sur coton plus économiquement que par le rocou, les genres à la cuve et les effets vapeur des laines de Blech Steinbach.

Le chrômate de potasse est employé dans le dégommage de certains mordants, et parfois dans celui des couleurs vapeur. Chacun sait avec quelle facilité ce sel rehausse les bleus et la sécurité qu'il y a, de même qu'avec l'indigo, sur le chlore, dans le cas où ces agents pourraient se trouver en excès. Le chrômate de potasse conserve son pouvoir oxidant sous des réactions alcalines, tandis que le chlore n'agit plus sous ces influences qu'avec lenteur. Sur l'indigo, les chlorures décolorants continuent alors leurs ravages, tandis que le chrômate alcalin s'arrête sitôt l'indigo déverdi. Le chrômate de potasse peut bleuir deux fois son poids d'indigo blanc; peut oxider cinq fois son poids de couperose.

L'eau oxigénée nous rendrait rarement de meilleurs services que l'eau chrômatée.

Comme oxidant dans la fabrication des bistres, des rouilles, des bleus de Prusse, des teintures de campêche, de bois rouge, ce sel donne des résultats que le chlore ne saurait remplacer.

Le chrômate de potasse basique constitue la réserve la plus simple, la plus efficace et la plus facile d'impression, contre les bleus solides.

Une dernière fabrication à citer, quoiqu'elle n'ait eu qu'une courte existence, fut l'exécution simultanée: des mordants garance, du bleu solide, du vert solide, du jaune de chrôme, de l'orange de chrôme et des mélanges de jaune de chrôme avec les mordants garance, pour les transformer de violet en réséda, de grenat en cannelle, de rose en orange ou en chamois, etc. Le fixage des couleurs d'indigo contraignait le tout à un passage alcalin, et comme les mordants d'alumine n'étaient pas susceptibles de supporter cette épreuve, un exemple de minéralogie nous indiqua la marche à suivre : la magnésie fut adoptée, et le succès dès lors assuré de ce côté. Cette application est attribuée dans le traité de Persoz à la maison Haussmann ; j'en réclame la priorité pour la maison frères Koechlin, et j'appuie mon attestation sur les produits que cette maison avait aux expositions de Paris et de Mulhouse, en 1834, et dont les échantillons furent, à cette époque d'ailleurs, déposés à la Société industrielle. Comme ce procédé ne consistait pas en un transport pur et simple d'une préparation de laboratoire sur le tissu, à l'instar de ces applications qui ne font qu'échanger la fiole ou le filtre pour l'étoffe ou l'échevette, mais qu'il constituait un procédé plutôt du ressort de l'indienne que du chimiste, j'ai attaché quelqu'intérêt à ce que son historique fût ici relevé d'un errata. Ce genre qui fit le tour des coloristes, et avec eux le tour des fabriques, reposait sur un ensemble incompatible ; mais il eût été si avantageux qu'on tenta, malgré cela, bien des artifices pour réunir des conditions qui ne fussent au détriment de l'une des couleurs quand elles épargnaient le sacrifice de l'autre. Quoique perfectionné à Jung-Bunzlau par la maison Koechlin et Singer; quoiqu'exploité, en effet, par la maison Haussmann, cet article dut s'effacer devant les exigences actuelles qui sont pour la couleur, avant une juxta-position rigoureuse. Nous tirâmes meilleur parti de cette fabrication pour des variations teintes en cochenille, et on en tirerait peut-être meilleur parti aujourd'hui qu'on possède des préparations de garance qui se concilieraient mieux avec les caprices du jaune et du bleu.

J'annexe à ce procédé un assemblage moins difficile, celui de l'orange de chrôme avec du noir teint en campêche. Cet orange se souille si peu pendant les opérations de teinture en campêche, qu'un léger chlorurage restaure toute pureté. Le souschrômate de plomb se charge moins que le chrômate jaune, quel que soit le bain de teinture.

Sans les avoir désignés à chaque passage, on peut trouver dans le résumé que je viens de faire, les divers cas de la collection que mon père vous a soumise. Pour compléter cette description, il ne me reste qu'à signaler la sensibilité des chrômates à la lumière. Cette action, particulièrement délicate aux chrômates solubles, est si redoutée de la pratique qu'elle oblige souvent, malgré la neutralité des dissolutions, à fabriquer dans la lumière diffuse sinon dans l'obscurité. M. Daniel Koechlin montre un échantillon jaconnat puce et rose cochenille, qui, dans l'intervalle du fixage du puce en chrômate et du lavage de celui-ci, put être atteint par les rayons solaires dont l'effet fixa du chrôme à l'état d'oxide, et ce mordançage photographique révéla, après la teinture en cochenille, toutes les empreintes solaires. Un autre échantillon représente de l'orange de chrôme qui, tandis qu'il était à l'état jaune et imbibé de bichrômate, fut blanchi partout où le soleil frappa. Ces ravages s'effectuant au détriment du tissu lorsqu'ils ne trouvent pas à s'assouvir sur quelque couleur organique, on comprendra le danger double auquel ils peuvent exposer.

Un dernier échantillon, choisi parmi des tapis sur toile huilée, présente, au contraire, la solidité du jaune de chrôme et celle dont ce jaune a préservé le bleu d'indigo qui en était couvert. A toute autre place, ce bleu avait disparu, la lumière ne l'épargna que sous ce diaphragme jaune.

Les chrômates sont des oxidants si prompts, si commodes, d'une composition, d'ailleurs, si régulière, comparativement à la plupart des sels du commerce, qu'ils nous fournissent chaque jour, ainsi qu'aux chimistes, de nouveaux secours de laboratoire. Ne nous offrent-ils pas la méthode la plus rapide, la plus exacte de doser nos proto-sels, les oxides inférieurs ; les sulfites, les arsénites ou leurs acides ; de découvrir le chlorure stanneux dans le chlorure stannique ; le plomb dans nos bains par double décomposition de sulfates ; de déceler la sophistication de certaines matières colorantes ; de fournir un caractère de plus entre l'indigo et le bleu de Prusse ; de préparer instantanément des per-sels, des sesqui-oxides, du cyanure rouge [1], etc. Tout ceci est du domaine de l'indienne et de la teinture. Je ne puis aborder les travaux immenses des chimistes sur les composés du chrôme, composés dont aucun n'est jusqu'à-présent incolore ; il n'entre pas plus dans ce cadre, autrement que comme indice de son étendue, de parler des autres professions qui font usage des qualités de coloration et d'oxidation des composés du chrôme ; ni de la médecine qui a vu dans les ulcérations auxquelles sont exposés nos ouvriers qui travaillent au chrômate de potasse, un sel des plus éminemment désorganisateurs et qui vient d'admettre ce toxique, néanmoins, dans

[1] Les ferri-cyanures obtenus par ce procédé, ne conviennent plus aux bleus vapeur, leurs teintes restent verdâtres. M. Plessy a même fondé sur cet inconvénient des verts vapeur particuliers.

sa thérapeutique (*Journal de pharmacie*, T. XXIV). Je m'arrête donc, non seulement sans sortir du cercle de notre industrie mais avec le sentiment qu'en ayant été long, tout en me restreignant aux généralités, j'ai encore été plus incomplet dans cette simple tâche : défaut qui disparaîtra plus facilement que les autres sous le nombre incessant des innovations destinées à ces trente premières années du chrôme.

Si j'ai omis quelque citation dans cet historique, je me hâterai de généraliser les droits des confrères qui ne m'ont pas renseigné à temps, en demandant quel est celui d'entre eux qui, lorsqu'il s'agit du chrôme, ne pourrait se dire : telle pierre de cet édifice fut placée par moi. Ce qui m'importait était de relever la première posée, et si, pour ma part, en entreprenant l'histoire à laquelle son développement a donné lieu, j'ai figuré par fois en famille, c'est suite de droits moindres de profession que de parenté.

MULHOUSE — IMPRIMERIE DE P. BARET

ADDITION

A la note de la page 26. *Des composés chimiques qui passent brevets sur tissus.*

L'indienne à laquelle remontent les grandes découvertes en impression, peut se glorifier, en France du moins, en Alsace surtout, de ne pas s'être instituée aux dépens de la chimie, sans avoir reconnu et rendu constamment à sa science mère, la part de César. A l'époque même où ses connaissances chétives passaient pour des secrets, cette fabrication savait honorer la chimie sans la dérober à ses confrères, perfectionner sans personnifier; elle se fût sentie humiliée du droit du plus fort en attentant à ce dépôt commun et en lacérant son libre concours. Elle a compris, dès les premiers instants qu'elle s'est vue, que sa destinée ne consistait pas uniquement à se fertiliser des inventions de sa voisine; que ses prétentions appartenaient, comme son avenir, à l'immensité par ses confins, et elle dédaigna jusqu'à ce jour, de s'affubler de ces bornes privilégiées qui eussent entravé son élan et l'eussent empêchée d'atteindre, de simple profession, la hauteur des arts. Aussi, pour qui veut pousser la curiosité jusqu'à l'origine des brevets en impression, de cette mode qui s'arroge le fruit non breveté du chimiste, l'étoffe non brevetée du tisserand, afin de composer le tout de ces nouveaux titrés d'industrie; pour aller aux sources qui jaillissent sous la baguette de ceux-ci; faut-il tout d'abord renier jusqu'aux vestiges des fondateurs distingués de notre industrie; quitter le tissu principal de leur laboratoire et se transporter sur les étoffes qui, envers et contre tout, savent parer leurs couleurs d'un éclat infiniment plus séduisant; descendre jusqu'aux limites où, la vapeur en moins, leur état s'assimile à celui dans lequel la planche et l'étoffe sont brosses et murailles; descendre toujours sans se laisser éblouir par la beauté progressive des couleurs, et vous arrivez ainsi, en ayant soin de ne pas vous écarter de la région des tissus aux quatre éléments, à ce règne où se fécondent ces parodies de génie, où s'inspirent les brevets d'emprunts! Là, se déroulent non seulement les prétentions de l'inoffensif blanc de zinc, du blafard gris de chrôme, etc., mais encore le gîte du bel et éphémère Parme, pour lequel un sel de magnésie (l'orcéate) fut détaché de la chimie pour passer, quant à nous, possession d'un seul; et puis, la réussite en propriété bien plus vaste qui précéda ce violet, et qui consiste en monopole de toute une série de recettes de nos ancêtres; aussi, ai-je prévenu qu'il était convenable dans ces perquisitions, de ne pas remonter à leurs œuvres. Puisse leur mémoire cependant entendre que nous sommes condamnés à voir des imprimeurs interdire à des fabricants de produits chimiques, la continuation de quelques-unes de leurs préparations, pour s'être compromises de notre temps par leur don accessoire de s'approprier mieux, sinon juste comme celles de ces imprimeurs mêmes, à un genre pour lequel ceux-ci s'inscrivirent dans un brevet embrouillé de quelques formules, dont le nom recèle l'ancienneté. Et cependant la spécialité de ce genre ne consistait nullement dans la composition des laques (sels de couleurs de nos aïeux), ni dans leur application première sur tissus; pas plus que dans la découverte de quelque manutention nouvelle quelle qu'elle soit; mais uniquement dans ce que ce genre aurait offert, pour une somme de ..... (taux dont la coutume laisse le brocantage plus loisible que de plaider), un vieil ensemble généralisé pour étoffe nouvelle; réunion qui, quant à la préparation des couleurs, réintégrait les acquéreurs dans les droits de leurs pères; qui, outre cette concession, leur épargnait l'école de fouiller leurs archives de recettes; fabrication dont nous sommes loin de vouloir atténuer le mérite, mérite plus grave, certes, que celui des éditions revues et corrigées; mais dont le succès nous eût paru plus loyal, et dont la validité n'eût jamais été exposée, si elle eût consenti à paraître vassale aussi scrupuleuse des matières colorantes dont elle fait usage, que, par exemple, la célébrité d'un tableau se dit indépendante du fabricant de couleurs qui ont servi à sa peinture. Espérons que l'auteur victorieux de cette fabrication fera des aveux, qui autoriseront à scinder un jour sa conquête en ses parts naturelles : part ancienne et part nouvelle ; celle-là pour nos aïeux qui ne prétendent rien d'ailleurs aux vertus de la laine ; celle-ci, pour celui qui a cimenté à ces étoffes des trésors endormis et qui en a fait un genre dont la gloire reste inhérente à leur réhabilitation.

C'est une coïncidence fatale, mais digne de remarque, que, partout où il y a brevet dans notre industrie, cela entraîne disparition d'application chimique immédiate ; de ces réactions extraites pour tissus, qui, jadis, créaient les fabrications fondamentales où la chimie entière s'étalait, n'implorant de la science que la théorie. Ce ne sont plus ces combinaisons émanées de fabricants ingénieux, ce ne sont plus des faits : un fait ! c'est simplement aujourd'hui une couleur que vous collez comme vous colleriez un pain-à-cacheter ; que vous cherchez dans quelque boutique ; l'œuvre sans cesse du pauvre chimiste, et qui mieux est : préparation ignorée la plupart du temps de celui dont l'acquisivité ne guette que la toile qui va échoir pour y englober nos droits, comme il pense avoir alterné de poche, ceux du chimiste.

Ou, quel est d'autre fois encore ce mérite : après avoir écouté un professeur, ou arraché quelques feuillets; de se transporter chez un droguiste qui confectionne la prescription ; d'en répandre sur divers chiffons, laver et s'écrier, selon que cela a tenu ou non : c'est à moi, ou cela demeure aux autres ?

C'est là, grâce à ces sources intarrissables et aux capacités de savoir trier parmi les substances qui se voient ; de ne pas prendre l'étoupe pour de la toison, l'amiante pour des cocons, etc., toute la malice requise pour ce trafic d'imaginer des taches avec préméditation et de s'en titrer avant même d'avoir étudié les proportions, la manutention, rien en un mot de ce qui constituerait la mise en pratique ; à quoi bon cette peine, une fois nous avoir dévalisés du fait ! Avec ces éléments de surprise et le secours des dictionnaires de chimie, il devient facile, pour peu qu'on soit breveté de présomption, de le devenir pour quelqu'un de ces faits de primauté ; de tailler des articles qui, pour cette raison, associée à celle du hasard ou du charlatanisme, ne sont pas toujours dénués de succès, partant de considération vulgaire ; mais qui, en compensation, le furent jusqu'à ce jour de toute imagination, de toute invention chimique, de toute application physique ou mécanique, de tout ce qui, enfin, ne constituerait pas le diplôme d'usurpation.

Si la chimie reste ainsi marché ouvert aux brevets ; que, devant les cas litigieux de ces priviléges, l'impression et la teinture restent branches isolées de la chimie ; si un fait scientique qui n'est pas breveté par son auteur peut le devenir, pour certains usages, par celui qui ne serait auteur que de sa lecture ; que d'autres, par conséquent, que ceux qui font les découvertes, puissent accaparer leurs applications, les retirer du domaine public ; alors, le désintéressement ou la propriété de nos grands hommes de la science restera dupe de ces *placers* incapables de déterrer autre chose que le poste duquel ils puissent rançonner le timide industriel, et nous touchons à l'époque où ce système récent d'exploitation envahira si bien tous les corps, qu'à moins de pouvoir prendre immédiatement un brevet général qui mette une barrière a ce *steeple-chase*, il imposera à chaque substance son *bourgeois* en chaque industrie.

Qu'importe donc qu'un produit coloré soit encore en creuset ou en flacons, en sève ou en racine, aqueux ou spiritueux, en essences, en vernis, en mucilagineux; qu'il n'ait été vu que sur palette, sur filaments, sur vitraux, sur papier, sur bois, sur porcelaine, etc.; qu'importe l'enveloppe au contenu, l'industriel à l'inventeur, tant que l'application de celui-la sur cette enveloppe ne s'effectue que par les moyens usuels et ne consiste qu'en transvasement, qu'en déplacement brut, qui n'a requis l'assistance d'aucun artifice particulier, qui ne montre plus par voie nouvelle de la chimie sur surfaces; qui ne badigeonne pas même; qui, le plus souvent, ne fait qu'enduire, tremper, coller? L'élément pourrait-il donc fonctionner comme substitut d'un détournement de cette nature; cesserait-il, pour chacun, d'avoir été le produit de tel ou tel; dérogerait-il envers son auteur au point de transmettre ses gloire et qualités à ceux qui n'ont su le dévier que vers un spécul, et qui osent se poser moine pour habit? Ce serait le vol se mirant dans les découvertes.

Ces questions ont déjà trouvé à se résoudre d'une manière fort désagréable à notre industrie; je n'ai cité que peu d'exemples qui en sont la triste réalité et non la critique, ne voulant m'exposer à d'autres soupçons qu'à ceux d'attirer l'attention sur la facilité avec laquelle les fausses inventions parviennent quelquefois à en imposer momentanément, en s'abritant sous ces protections légitimes qui font la garantie du génie et du travail.

C. K.